CAKES & COOKIES

핫케이크 믹스 베이킹

섞어서 굽기만 하면 요리 초보도 실패 없다

하야시 미즈키 지음 | 송수영 옮김

이아소

'섞어서 굽기만 하면 끝!' 간단하면서도, 절대 실패하지 않습니다

"내일은 핫케이크를 만들어요" 하고 엄마와 약속한 다음 날 아침이면 평소보다 일찍 눈이 떠졌습니다. 달걀을 깨고, 반죽을 휘젓는 등 핫케이크를 만드는 일이 어린 내겐 마치 즐거운 이벤트와 같았습니다. 틀림없이 엄마도 그런 저의 마음을 잘 알고 계셨을 것입니다. 주방 선반에는 항상 '핫케이크 믹스'가 준비되어 있었습니다. 그리고 지금 돌이켜 생각해보면 맞벌이로 바쁘셨던 부모님은 이런 방법으로 우리 형제에게 행복한 시간을 만들어주셨습니다.

가족 각자 취향에 따라 버터나 잼을 바르고, 꿀이나 초콜릿 시럽을 듬뿍 얹습니다. 제각각 좋아하는 맛을 내는 것도 각별한 즐거움이라 "이렇게 하면 더 맛있어!"라고 자랑스레 알려주던 모습도 그리운 추억으로 남았습니다. 핫케이크의 달콤한 향기는 그때의 행복하던 기억과 두근대던 마음으로 한순간에 되돌립니다. 날아오를 듯한 흥분이 어른이 된 지금까지 여전히 계속되고 있습니다.

이 책에서는 핫케이크 믹스를 이용한 쿠키와 케이크 등 본격적인 제과·제빵 레시피를 소개합니다. 분명 '이런 멋진 디저트를 간단하게 만들 수 있다니!' 하고 놀라실 것입니다. 이 시간을 통해 베이킹의 즐거움에 새롭게 빠져보시길 바랍니다.

섞는 도구는
이 3가지만 있으면 OK

1 볼

2 거품기

3 고무 주걱

구울 때 사용하는 틀은
일회용도 OK

사진은 은박지로 만든 푸딩 틀, 마들
렌 컵, 소형 종이 파운드케이크 틀이
다. 18cm 파운드케이크 틀과 15cm
원형 틀도 시중에서 손쉽게 구할 수
있다.

핫케이크 믹스를
사용하므로
약간의 재료만으로
멋진 쿠키와 케이크를
간단하게 만들 수 있다

남은 가루 보관법

핫케이크 믹스는 포장을 개봉하지
않은 경우엔 상온 보관도 가능하지
만, 개봉한 뒤엔 습기와 벌레 방지를
위해 밀봉 가능한 지퍼 백에 넣어 냉
장 보관한다.

재료가 간단하다　　　집에 있는 재료로도 OK　　　섞기만 하면 끝

"베이킹을 하면 잘 부풀지 않아서 항상 실패해요"라는 고민을 적잖이 듣게 된다. 열심히 만들었는데 맛이 제대로 나지 않고 모양도 엉망이면 좌절하게 된다. 살펴보면 이유가 있다. 케이크나 쿠키를 잘 만들기 위해서는 재료의 배합이나 밸런스, 섞는 방법 등 주의해야 할 포인트가 너무나 많다.

그래서 이것이 부담스럽거나 귀찮아서 아예 손사래를 치고 포기하는 안타까운 경우가 적지 않다. 이런 분에게는 꼭 핫케이크 믹스를 사용해보라고 권한다.

달걀, 판초콜릿이나 코코아 파우더, 버터나 오일 등 집에 있는 간단한 재료를 섞으면 초콜릿케이크, 파운드케이크, 머핀 등 근사한 디저트가 완성된다. 단지 '섞어서 굽기만' 하면 뚝딱 만들어진다. 재료비도 부담 없고 귀찮게 계량하는 과정도 줄고, 어느 정도 적당히 만들어도 풍성하게 부풀어 오른다♪

매일 시간을 알뜰하게 쓰는 분들에겐 특히 든든한 존재가 될 것이다. 핫케이크 믹스가 선사하는 손쉽고, 맛있고, 근사한 행복을 많은 분이 함께 즐겨보시길 바란다.

CONTENTS

이 책을 읽기 전에

● 레시피에서 1작은술은 5ml, 1큰술은 15ml이다.
● 오븐 가열 시간은 기종에 따라 다를 수 있다. 레시피의 시간을 기준으로 상태를 보면서 가감하도록 하자.
● 전자레인지의 가열 시간은 600W를 기준으로 했다. 500W라면 1.2배, 700W라면 0.9배의 시간으로 가열한다.
● 이 책에서 사용한 핫케이크 믹스는 모리나가제과의 제품(1봉 150g)이고 판초콜릿은 롯데 가나 블랙(1개 50g)이다.
● 버터는 별도로 기재하지 않은 경우 유염 타입을 사용했다.
● 설탕은 구운 색을 예쁘게 내고 싶을 때나 풍미를 살리고 싶을 때 황설탕을 사용했다. 집에 없다면 백설탕을 사용해도 무방하다.
● 굽고 난 뒤 식히는 시간은 조리 시간에 포함하지 않는다.

Chocolate Sweets

판초콜릿으로 만드는
초콜릿 디저트

시판하는 판초콜릿(블랙)과
핫케이크 믹스로 만드는 정통 디저트.
집에서 즐기는 디저트는 물론
선물로도 대만족이다.

생초콜릿 케이크
Ganache Cake

recipe › p.10, 11

생초콜릿 케이크
Ganache Cake

착착 진행되면 오븐에 들어가기까지 단 5분!
생초콜릿 식감의 케이크가 놀랄 정도로 뚝딱 완성된다.

40~45min

재료 (18cm 파운드 틀 1개분)

핫케이크 믹스 … 50g
판초콜릿(블랙) … 150g
생크림 … 150ml
달걀 … 2개
버터 … 20g
코코아 파우더 … 적당량

사전 준비

- 파운드 틀에 오븐용 시트를 깐다.
- 오븐을 160℃로 예열한다.

만드는 법

1 초콜릿과 버터를 잘게 다진다. 내열 용기에 넣어 600W 전자레인지에서 1분 10초 가열한 뒤 거품기로 섞으면서 녹인다.

2 생크림, 달걀, 핫케이크 믹스 순서로 넣고, 그때마다 거품기로 잘 섞는다.

3 틀에 넣어 160℃ 오븐에서 30~35분 굽는다.

Point

판초콜릿과 버터를 녹인다

내열 용기에 쪼갠 초콜릿과 버터를 넣고 랩을 씌우지 않은 채 600W 전자레인지에서 가열한다.

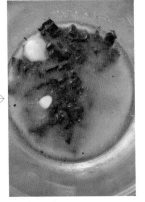

가열 시간은 1분~. 이 정도 녹으면 OK. 거품기로 잘 섞으면서 완전히 녹인다.

---

memo

- 속이 보들보들 매끄러운 상태가 되면 다 구워진 것이다. 그대로 망에 얹어 식힌다.
- 식으면 냉장고에서 하룻밤 이상 충분히 차갑게 두어 굳힌다.
- 틀에서 꺼내 마지막에 코코아 파우더를 뿌린다.
- 자를 때는 칼을 따뜻한 물에 담가서 살짝 따뜻하게 해주면 깔끔하게 잘린다.

가토 쇼콜라
Gâteau Chocolat

두부를 넣는 대신 생크림을 쓰지 않고, 메렝게 과정도 필요 없다.
심플 & 헬시, 맛도 놀라울 정도로 촉촉하고 부드럽다.

30min

재료 (15cm 분리형 원형 틀 1개분)

핫케이크 믹스 … 40g

연두부 … 150g

판초콜릿(블랙) … 100g

달걀 … 2개

코코아 파우더 … 1작은술

사전 준비

· 원형 틀에 오븐용 시트를 깐다.

· 오븐을 170℃로 예열한다.

· 달걀은 풀어둔다.

만드는 법

1 볼에 두부를 넣고 거품기로 잘 저어 소스 같은 상태로 만든다.

2 초콜릿을 잘게 잘라 내열 용기에 넣고 600W 전자레인지에서 1분 가열한 뒤 거품기로 섞으면서 녹인다.

3 2의 볼에 으깬 두부, 풀어둔 달걀 순서로 넣으며 그때마다 재빨리 섞는다. 여기에 핫케이크 믹스를 넣고, 코코아 파우더는 체로 쳐서 넣어주고 다시 섞는다.

4 틀에 넣어 170℃ 오븐에서 25분 굽는다.

memo

● 만드는 법 3에서 반죽이 차가워져 굳어진 경우는 미지근한 물을 밑에 받친다.

● 다 구워지면 망에 올려 그대로 식히고 열기가 빠지면 냉장고에서 하룻밤 차갑게 한다.

● 코코아 파우더, 분당 등의 토핑도 잘 어울린다.

브라우니
Brownie

생각나면 바로 만들 수 있는 간편함이 매력.
직사각형이나 정사각형으로 잘라 선물하기에도 그만이다.

30min

재료 (15cm 사각 틀 1개분)

핫케이크 믹스 ··· 50g
판초콜릿(블랙) ··· 100g
코코아 파우더 ··· 10g
무염 버터 ··· 70g
달걀 ··· 2개
우유 ··· 1큰술
설탕 ··· 1큰술
호두 ··· 40g

사전 준비

· 사각 틀에 오븐용 시트를 깐다.
· 오븐을 170℃로 예열한다.
· 호두는 취향껏 원하는 크기로 자른다.

만드는 법

1 초콜릿과 버터는 잘게 자른다. 내열 용기에 넣어 600W 전자레인지에서 1분 가열해, 거품기로 섞으면서 녹인다.

2 달걀, 우유, 설탕을 넣어 재빨리 섞는다. 다음으로 핫케이크 믹스를 넣고, 코코아 파우더는 체로 쳐서 넣는다. 고무 주걱으로 가볍게 섞는다. 호두의 절반 양을 반죽에 넣어 다시 섞는다.

3 틀에 담고 남은 호두를 위에 얹는다. 170℃ 오븐에서 25분 굽는다.

---

memo

● 충분히 식은 뒤 자르도록 한다. 하룻밤 그대로 두면 한결 촉촉해진다.
● 보관할 때는 마르지 않도록 랩으로 꼼꼼히 싸둔다.

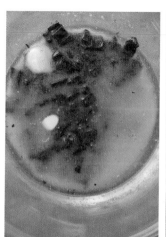

더블 초콜릿 스콘
Chocolate Scone

깜찍한 모양에 깊고 진한 맛의 초콜릿 스콘.
샐러드유로 만들어서 바삭하다.

20min

재료 (16개분)

핫케이크 믹스 … 150g

판초콜릿(블랙) … 50g

코코아 파우더 … 20g

샐러드유 … 2큰술

우유 … 3큰술

사전 준비

• 오븐을 180℃로 예열한다.

memo

● 반죽을 펴는 과정에서 푸석하게 뭉개지면 우유를 조금 더해서 조절한다.

만드는 법

1 초콜릿을 잘게 자른다. 장식용으로 조금 남겨 둔다.

2 볼에 핫케이크 믹스를 넣고, 코코아 파우더는 체로 쳐서 넣고, 샐러드유를 넣어 고무 주걱으로 잘 섞는다.

3 잘게 자른 초콜릿, 우유를 넣고 다시 잘 섞은 뒤 마지막에 손으로 한데 모은다. 10cm 크기의 정사각형이 되도록 모양을 잡아 잘 편 뒤 칼로 가로세로 4등분한다.

4 오븐용 시트를 깐 팬에 간격을 띄워서 놓고, 장식용 초콜릿을 안에 박아 넣어 180℃ 오븐에서 15분 굽는다.

Pound Cake

달걀 1개로 만드는
파운드케이크

달걀 1개와 핫케이크 믹스로 완성하는 놀라운 맛.
초보자도 절대 실패하지 않는
마법의 레시피 대공개.

바나나 파운드케이크
Banana Pound Cake

바나나 파운드케이크
Banana Pound Cake

큰직하게 자른 바나나를 위에 장식해 눈과 입이 모두 행복하다.
바나나 변색을 방지하고 싶다면 레몬즙을 뿌린다.

재료 (18cm 파운드 틀 1개분)

핫케이크 믹스 … 150g

바나나 … 2개(껍질 포함 300g)

달걀 … 1개

설탕 … 30g

무염 버터 … 60g

사전 준비

• 버터는 녹여둔다(오른쪽 내용 참조).

• 파운드 틀에 오븐용 시트를 깐다.

• 오븐을 180℃로 예열한다.

40~45min

만드는 법

1 볼에 바나나 1개를 넣어 포크로 취향에 따라 으깬다.

2 다른 볼에 달걀, 설탕을 넣고 거품기로 잘 섞어준다. 다음에 1의 바나나를 넣어 잘 섞는다.

3 핫케이크 믹스를 넣고 고무 주걱으로 희끗한 가루가 보이지 않을 정도까지 가볍게 섞는다. 미리 녹여둔 버터를 넣고 잘 어우러질 때까지 섞는다.

4 틀에 넣어 반죽을 잘 펴주고, 바나나 1개를 세로로 절반을 잘라 위에 얹은 뒤 180℃ 오븐에서 35~40분 굽는다.

Point

버터 녹이는 법

볼에 잘게 자른 버터를 넣고 랩을 씌우지 않은 채 600W 전자레인지에서 1분 가열해 부드럽게 녹인다.

memo

● 핫케이크 믹스를 넣고 나서 너무 많이 섞지 않아야 잘 부풀어 오른다.

● 설탕은 황설탕을 사용하면 구웠을 때 색이 예쁘게 나온다.

● 다 구워지면 틀에서 꺼내 망 위에서 식힌다.

● 파운드케이크는 하룻밤 두었다가 먹으면 맛이 더 좋다.

Tea

Roasted Green Tea

홍차 파운드케이크 & 호지차 파운드케이크
Tea Pound Cake & Roasted Green Tea Pound Cake

Tea   Roasted Green Tea

recipe ▸ p.24, 25

홍차는 티백 찻잎을, 호지차는 분말 타입을 사용했다.
하룻밤 두어 촉촉한 맛이 잘 배어들었을 때 먹으면 한결 풍미가 깊다.

photo › p.22, 23

홍차 파운드케이크 Tea Pound Cake

40~45min

재료 (18cm 파운드 틀 1개분)

핫케이크 믹스 … 150g
홍차(티백) … 2개(4g)
달걀 … 1개
설탕 … 3큰술
우유 … 3큰술
무염 버터 … 70g
아몬드 슬라이스 … 8g

사전 준비

• 버터는 녹여둔다(P.20 참조).
• 파운드 틀에 오븐용 시트를 깐다.
• 오븐을 170℃로 예열한다.

만드는 법

1 볼에 달걀, 설탕, 우유를 넣어 거품기로 잘 섞는다.

2 핫케이크 믹스, 홍찻잎을 넣어 고무 주걱으로 흰 가루가 보이지 않을 때까지 섞는다.

3 녹인 버터를 넣어 전체적으로 어우러질 때까지 섞는다.

4 틀에 넣어 반죽을 펴고, 아몬드를 얹어 170℃ 오븐에서 35~40분 굽는다.

memo
● 설탕은 황설탕 사용을 추천.
● 다 구워지면 틀에서 꺼내 망에서 식힌다.

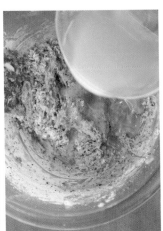

호지차 파운드케이크
Roasted Green Tea Pound Cake

재료 (18cm 파운드 틀 1개분)

핫케이크 믹스 … 150g

호지차 분말 … 3큰술

달걀 … 1개

설탕 … 2큰술

우유 … 3큰술

무염 버터 … 70g

통단팥 … 50g

사전 준비

· 버터는 녹여둔다(P.20 참조).

· 파운드 틀에 오븐용 시트를 깐다.

· 오븐을 170℃로 예열한다.

40~45min

만드는 법

1 볼에 달걀, 설탕, 우유를 넣어 거품기로 잘 섞는다.

2 핫케이크 믹스, 호지차 분밀, 통단팥을 넣어 고무 주걱으로 가루가 보이지 않을 때까지 가볍게 섞는다.

3 녹인 버터를 넣어 전체적으로 어우러질 때까지 섞는다.

4 틀에 넣어 반죽을 골고루 펴고 170℃ 오븐에서 35~40분 굽는다.

memo
● 설탕은 황설탕 사용을 추천.
● 다 구워지면 틀에서 꺼내 망에서 식힌다.

Point

파운드케이크를 예쁘게 굽는 요령

반죽을 고르게 편다
반죽을 틀에 부은 뒤 바닥에 틀째 통통 떨어뜨린다. 속에 있는 공기가 빠져나와 표면이 평평하게 된다.

칼집을 넣는다
굽기 시작해 10분 정도 되었을 때 오븐을 열어 정중앙에 세로로 길게 칼집을 넣어주면 완성했을 때 깔끔하게 벌어진다.

레몬 파운드케이크
Lemon Pound Cake

레몬 향이 상큼한 케이크. 우유 대신 요구르트를 사용해 촉촉함을 더했다.

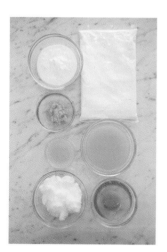

재료 (18cm 파운드 틀 1개분)
핫케이크 믹스 … 150g
레몬즙 … 1과 1/2큰술
레몬 껍질 간 것 … 1/2개분
달걀 … 1개
설탕 … 4큰술
플레인 요구르트 … 3큰술
무염 버터 … 60g

사전 준비
· 버터는 녹여둔다(P.20 참조).
· 파운드 틀에 오븐용 시트를 깐다.
· 오븐을 170℃로 예열한다.

만드는 법

40~45min

1 볼에 달걀, 설탕, 플레인 요구르트, 레몬 껍질 간 것, 레몬즙을 넣어 거품기로 잘 섞는다.

2 핫케이크 믹스를 넣어 고무 주걱으로 흰 가루가 보이지 않을 때까지 가볍게 섞는다.

3 녹인 버터를 넣어 전체적으로 어우러질 때까지 섞는다.

4 틀에 부어 반죽을 잘 펴고 170℃ 오븐에서 35~40분 굽는다.

memo
● 레몬은 국산을 사용한다.
● 다 구워지면 틀에서 꺼내 망 위에서 식힌다.

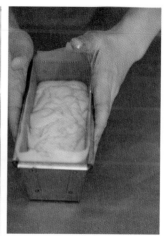

(27)

초콜릿 너트 파운드케이크
Chocolate & Nut Pound Cake

살짝 쌉싸름한 맛이 매력인 어른들을 위한 파운드케이크.
호두의 식감과 향이 특별한 악센트이다.

40~45min

재료 (18cm 파운드 틀 1개분)

핫케이크 믹스 … 150g
코코아 파우더 … 2큰술
판초콜릿(블랙) … 50g
호두 … 30g
달걀 … 1개
설탕 … 3큰술
우유 … 3큰술
무염 버터 … 70g

사전 준비
• 버터는 녹여둔다(P.20 참조).
• 파운드 틀에 오븐용 시트를 깐다.
• 오븐을 170℃로 예열한다.
• 호두와 초콜릿은 잘게 잘라둔다.

만드는 법

1 볼에 달걀, 설탕, 우유를 넣어 거품기로 잘 섞는다.

2 핫케이크 믹스를 넣고, 코코아 파우더는 체로 쳐서 넣어주고, 잘라둔 초콜릿과 호두를 넣어 고무 주걱으로 가루가 보이지 않을 때까지 가볍게 섞는다.

3 녹인 버터를 넣어 전체적으로 어우러질 때까지 섞는다.

4 틀에 넣어 반죽을 잘 펴고 170℃ 오븐에서 35~40분 굽는다.

memo
● 핫케이크 믹스는 그대로 넣어도 좋지만 코코아 파우더는 덩어리지지 않도록 반드시 체에 쳐서 넣는다.
● 다 구워지면 틀에서 꺼내 망에서 식힌다.

Butter Muffin

버터로 만드는
기본 머핀

핫케이크 믹스 150g, 달걀 1개,
버터 60g으로 머핀 6개가 뚝딱 완성된다.
'섞기만 하면 끝 &
오븐까지 5분'의 매직! 정말 간단하다.

플레인 머핀
Plain Muffin

플레인 머핀
Plain Muffin

버터의 깊은 맛과 풍미가 신선한 머핀.
래핑하기 쉬워 선물용으로도 인기다.

재료 (6개분)

핫케이크 믹스 … 150g

무염 버터 … 60g

달걀 … 1개

설탕 … 3큰술

우유 … 80ml

(준비된다면) 아몬드 슬라이스 … 적당량

사전 준비

- 머핀 틀에 유산지 컵을 깐다.
- 버터는 녹여둔다(오른쪽 내용 참조).
- 오븐을 180℃로 예열한다.

25min

만드는 법

1 볼에 달걀, 설탕, 우유를 넣어 거품기로 잘 섞는다.

2 핫케이크 믹스를 넣어 고무 주먹으로 흰 가루가 보이지 않을 때까지 섞는다. 녹인 버터를 넣어 잘 어우러질 때까지 섞는다.

3 틀의 8분 분량만 담고 준비가 된다면 아몬드를 위에 얹어 180℃ 오븐에서 20분 굽는다.

memo

- 설탕은 황설탕 사용을 추천.
- 다 구워지면 한 김 식힌 뒤, 대나무 꼬챙이 등을 이용해 틀에서 꺼내 망 위에서 완전히 식힌다.

Point

버터 녹이는 법

볼에 잘게 자른 버터를 넣고 랩을 씌우지 않은 채 600W 전자레인지에서 1분 가열해 녹인다.

칼집을 넣어주면 골고루 부풀어 오른다

오븐에 넣고 10분 뒤 반죽 표면에 나이프 등으로 칼집을 넣는다. 수증기가 빠져서 골고루 부풀어 오르고 모양이 예쁘게 구워진다.

사과 머핀
Apple Muffin

사과에 열이 골고루 가고, 위에 뿌린 설탕이 잘 배도록
칼집을 넣어준다. 설탕을 뿌리면 사과가 한결 부드러워진다.

30min

재료 (6개분)

핫케이크 믹스 … 150g

무염 버터 … 60g

달걀 … 1개

설탕 … 3큰술

우유 … 80ml

사과 … 작은 것 1개

바닐라 오일 … 5방울

계핏가루 … 약간

사전 준비

· 머핀 틀에 유산지 컵을 깐다.

· 버터는 녹여둔다(P.32 참조).

· 오븐을 180℃로 예열한다.

만드는 법

1 사과는 껍질을 벗겨서 6등분하고, 각각 세로로 4줄씩 칼집을 넣는다.

2 볼에 달걀, 설탕, 우유, 바닐라 오일을 넣어 거품기로 잘 섞는다. 핫케이크 믹스, 계핏가루를 넣어 고무 주걱으로 가루가 보이지 않을 때까지 섞는다. 미리 녹여둔 버터를 넣고 잘 어우러질 때까지 섞는다.

3 틀의 8분 분량만 담은 뒤 사과를 얹는다. 사과 위에 설탕(분량 외)을 각 2꼬집씩 뿌린다.

4 180℃ 오븐에서 20분 굽는다.

---

memo

● 사과가 큰 경우는 머핀 틀에 들어가는 사이즈로 자른다.

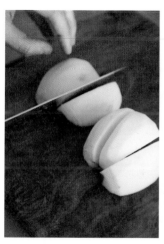
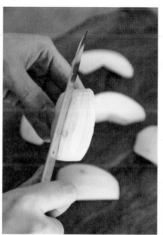

말차와 화이트 초콜릿 머핀
Malcha & White Chocolate

말차 가루는 알갱이가 뭉치지 않도록
반드시 체로 쳐서 넣는다.

재료 (6개분)

핫케이크 믹스 … 150g

무염 버터 … 60g

달걀 … 1개

설탕 … 3큰술

우유 … 80ml

말차 가루 … 1큰술

판초콜릿(화이트) … 40g

사전 준비

· 머핀 틀에 유산지 컵을 깐다.

· 버터는 녹여둔다(P.32 참조).

· 오븐을 180℃로 예열한다.

· 초콜릿은 잘게 자른다.

만드는 법

25min

1 볼에 달걀, 설탕, 우유를 넣어 거품기로 잘 섞는다.

2 핫케이크 믹스를 넣고, 말차 가루는 체에 쳐서 넣고, 초콜릿을 넣어 고무 주걱으로 가루가 보이지 않을 때까지 섞는다. 녹인 버터를 추가해 잘 어우러질 때까지 섞는다.

3 틀의 8분 분량까지 담아 180℃ 오븐에서 20분 굽는다.

memo

● 백설탕을 사용하면 말차 색이 한층 선명하게 나온다.

Oil Muffin

오일로 만드는
건강 머핀

버터 대신 오일을 넣은 머핀은
폭신하고 가벼운 식감이 특징이다.
플레인 반죽에는 블루베리를 토핑했다.
커피·바나나와 초콜릿이 만들어내는
환상의 맛도 꼭 즐겨보시길!

Plain

recipe › p.40, 41, 42

Coffee Banana

Chocolate & Cocoa

photo › p.38, 39

플레인 오일 머핀
Plain Oil Muffin

신선한 생블루베리를 토핑했지만, 냉동 제품도 좋다.
또한 딸기, 라즈베리, 슬라이스 오렌지 등의 과일류,
슬라이스 아몬드 등의 견과류와도 잘 어울린다.

재료 (6개분)

핫케이크 믹스 … 150g

샐러드유 … 60g

달걀 … 1개

설탕 … 2큰술

우유 … 70ml

(준비된다면) 블루베리 … 적당량

사전 준비

• 머핀 틀에 유산지 컵을 깐다.

• 오븐을 180℃로 예열한다.

만드는 법

25min

1 볼에 달걀, 설탕, 우유, 샐러드유를 넣어 거품기로 잘 젓는다. 핫케이크 믹스를 넣고 고무 주걱으로 흰 가루가 보이지 않을 때까지 섞는다.

2 틀의 8분 분량만 담고 준비된다면 블루베리를 위에 얹는다. 180℃ 오븐에서 20분 굽는다.

memo

● 다 구워지면 한 김 식힌 뒤, 대나무 꼬챙이 등을 이용해 틀에서 꺼내 망 위에서 완전히 식힌다.

커피 바나나 오일 머핀
Coffee Banana

커피와 바나나의 환상의 궁합. 위에 장식하는 바나나에
레몬즙을 뿌려두면 변색을 막을 수 있다.

25min

재료 (6개분)

핫케이크 믹스 … 150g

샐러드유 … 60g

달걀 … 1개

설탕 … 3큰술

우유 … 60ml

인스턴트커피 … 2작은술

바나나 … 1개(껍질 포함 150g)

레몬즙 … 약간

사전 준비

• 머핀 틀에 유산지 컵을 깐다.

• 오븐을 180℃로 예열한다.

memo

● 바나나는 각자 취향에 따
라 으깬다.

만드는 법

1 바나나는 5mm 두께로 둥글게 6조각 잘라
레몬즙을 뿌려둔다. 나머지는 볼에 넣어 포
크로 으깬다.

2 우유를 600W 전자레인지에서 40초간 데운
뒤 인스턴트커피를 섞어 녹인다.

3 별도의 볼에 달걀, 설탕, 샐러드유를 넣어
거품기로 잘 섞는다. 으깬 바나나와 **2**도 함
께 넣어 잘 섞는다. 핫케이크 믹스를 넣고 고
무 주걱으로 흰 가루가 보이지 않을 때까지
섞는다.

4 틀의 8분 분량까지 넣고, 둥글게 자른 바나나
를 위에 얹어 180℃ 오븐에서 20분 굽는다.

더블 초콜릿 오일 머핀
Chocolate & Cocoa

판초콜릿과 코코아 파우더를 더블로 사용해
농후한 풍미를 입안 가득 만끽할 수 있다.

25min

재료 (6개분)

핫케이크 믹스 … 150g
샐러드유 … 60g
달걀 … 1개
설탕 … 2큰술
우유 … 80ml
판초콜릿(블랙) … 100g
코코아 파우더 … 15g

사전 준비

· 머핀 틀에 유산지 컵을 깐다.
· 오븐을 180℃로 예열한다.
· 초콜릿은 잘게 잘라둔다.

만드는 법

1 볼에 달걀, 설탕, 우유, 샐러드유를 넣어 거
  품기로 충분히 저어준다.

2 핫케이크 믹스를 넣고, 코코아 파우더는 체
  에 쳐서 넣고, 초콜릿은 2/3 분량만 넣어 고
  무 주걱으로 가루가 보이지 않을 때까지 섞
  는다.

3 틀에 8분 분량만 담고 남겨둔 초콜릿을 위
  에 토핑한다.

4 180℃ 오븐에서 20분 굽는다.

memo

● 핫케이크 믹스는 그대로 넣어도 좋지
  만, 코코아 파우더는 알갱이가 생기지
  않도록 반드시 체에 쳐서 넣는다.

Cookies

틀 없이 만드는
쿠키

쿠키 틀을 사용하지 않고 손으로 둥글게
빚거나, 스푼으로 뚝뚝 떠서 넣기도 하고,
칼로 잘라서 만들 수도 있다.
생각나면 바로 뚝딱 만들어 먹는
보물 레시피.

드롭 쿠키
Drop Cookies

recipe › p.46

스노볼 쿠키
Snowball Cookies

photo › p.44

드롭 쿠키
Drop Cookies

재료는 단 4가지뿐, 재료를 섞은 뒤 반죽을 스푼으로 팬에 떠놓으면 끝!
최고로 간단한 레시피다. 오븐에 들어가기까지 단 5분.

20min

재료 (15개분)

핫케이크 믹스 … 100g

버터 … 50g

우유 … 2큰술

초코칩 … 50g

사전 준비

• 버터는 실온에 두어 부드럽게 만든다.
• 오븐을 180℃로 예열한다.

memo

● 초코칩이 없는 경우는 잘게 자른 판초 콜릿 50g으로 대체할 수 있다.
● 구워지면서 쿠키가 조금씩 커지므로 팬에 얹을 때 붙지 않도록 충분히 간격을 둔다.

만드는 법

1 볼에 버터를 넣고 거품기로 저어 부드럽게 한다(아래 내용 참조). 핫케이크 믹스를 넣어 고무 주걱으로 흰 가루가 보이지 않을 때까지 가볍게 섞는다.

2 우유와 초코칩을 넣어 잘 섞는다.

3 스푼 2개를 이용해 **2**의 반죽을 3cm 크기로 둥글려서 오븐용 시트를 깐 팬 위에 간격을 띄워서 놓는다. 180℃ 오븐에서 15분 굽는다. 구워지면 망 위에 올려 식힌다.

Point
버터를 크림화한다

실온에 두어 말랑하게 된 버터를 거품기로 저어 크림 상태로 풀어준다. 처음에는 딱딱해도 계속 저으면 부드러워진다.

＊실온에서 말랑하게 풀어줄 시간적 여유가 없을 때는 냉장고에서 꺼낸 버터를 계량해 볼에 넣은 뒤 랩을 씌우지 않고 600W 전자레인지에서 10초 정도 데운다.

스노볼 쿠키
Snowball Cookies

입안에서 사르르 녹는 부드러운 맛의 쿠키다.
비닐봉지에 재료를 한데 섞어서 만들기 때문에 도구도 필요 없이 초간단.

＊식히는
시간은 제외

20min

재료 (18개분)

핫케이크 믹스 … 150g
설탕 … 1큰술
소금 … 1꼬집
샐러드유 … 3큰술
분당 … 적당량

사전 준비
• 오븐을 180℃로 예열한다.

만드는 법

1 비닐봉지에 핫케이크 믹스, 설탕, 소금을 넣고 쓱쓱 흔들어 섞는다. 이어서 샐러드유를 넣고 비닐봉지 겉에서 손으로 조물조물해 한데 뭉친다.

2 2cm 크기로 동그랗게 모양을 만들어 오븐용 시트를 깐 팬 위에 올린다. 180℃ 오븐에서 15분 구운 뒤 팬째 그대로 망 위에 얹어서 식힌다.

3 비닐봉지에 분당과 2를 넣어 조심스레 흔들어가며 묻힌다.

memo
● 반죽이 잘 뭉치지 않을 때는 샐러드유를 조금 더 넣는다.
● 반죽이 부드러우므로 구워진 뒤 팬에 얹은 채 그대로 식힌다.
● 분당은 잘 녹지 않는 데코 스노라고 하는 장식용 분당을 사용한다.

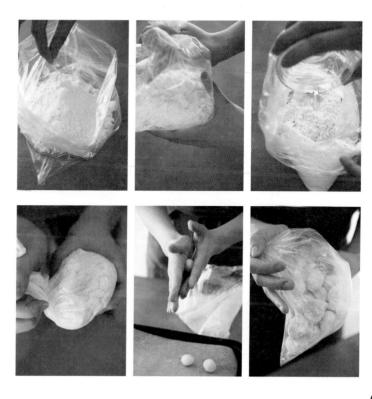

진한 맛 초콜릿 쿠키
Rich Chocolate Cookies

판초콜릿과 초코칩을 사용해, 쌉싸래하면서 진한 맛의 쿠키.
재료는 단 4가지! 블랙커피나 우유와 함께 즐겨보자.

20min

재료 (16개분)

핫케이크 믹스 … 120g
무염 버터 … 40g
판초콜릿(블랙) … 100g
초코칩 … 30g

사전 준비

• 오븐을 180℃로 예열한다.
• 초콜릿과 버터를 잘게 잘라둔다.

만드는 법

1 볼에 잘라놓은 초콜릿과 버터를 넣고 600W 전자레인지에서 1분 가열한 뒤 섞어가며 녹인다.

2 핫케이크 믹스와 초코칩을 넣어 고무 주걱으로 흰 가루가 보이지 않을 때까지 섞은 뒤 마지막에 손으로 한데 모은다.

3 두께 1cm의 사각형이 되도록 손으로 잘 편 뒤 칼로 가로세로 4등분해서 자른다.

4 오븐용 시트를 깐 팬 위에 얹어 180℃ 오븐에서 12분 굽는다.

memo

• 초코칩이 없는 경우는 잘게 자른 판초콜릿 30g으로 대체한다.
• 구워지면서 쿠키가 조금씩 커지므로 팬에 얹을 때 붙지 않도록 충분히 간격을 둔다.

멜론빵 쿠키
Melon Bun Cookies

멜론빵 모양으로 성형해서 구워 모양까지 깜찍!
래핑해서 선물하면 모두에게 환영받는 인기 만점 쿠키다.

25min

재료 (15개분)

핫케이크 믹스 … 150g

버터 … 20g

달걀 … 1개

샐러드유 … 2작은술

바닐라 에센스 … 약간

그래뉴당 … 적당량

사전 준비

• 달걀은 미리 실온에 둔다.

• 버터는 실온에서 부드럽게 만든다.

• 오븐을 160℃로 예열한다.

• 바트에 그래뉴당을 덜어둔다.

만드는 법

1 볼에 버터를 넣고 거품기로 저어 부드럽게 크림화한다(P.46 참조). 달걀, 샐러드유, 바닐라 에센스를 넣어 잘 섞는다.

2 핫케이크 믹스를 넣고 고무 주걱으로 흰 가루가 보이지 않을 때까지 가볍게 섞는다. 마지막에 손으로 한데 모은다.

3 3cm 크기로 동글납작하게 만들어 겉면에 그래뉴당을 찍는 느낌으로 입힌다. 그래뉴당을 입힌 면에 칼로 격자 모양의 칼집을 넣는다.

4 오븐용 시트를 깐 팬에 간격을 두고 놓아 160℃ 오븐에서 15분 굽는다.

memo

● 다 구워지면 팬째 망 위에 얹어 충분히 식힌다.

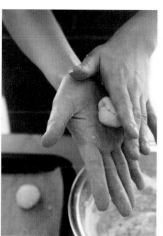

고구마 쿠키
Sweet Potato Cookies

으깬 고구마를 넣어 만든 아이스박스 쿠키. 거칠게 으깨면
풍미가 진하고, 부드럽게 으깨면 고급스러운 느낌으로 완성된다.

*냉장
시간은 제외

30min

재료 (20개분)

핫케이크 믹스 … 100g

고구마 … 150g

무염 버터 … 50g

꿀 … 1작은술

볶은 검정깨 … 적당량

memo

● 고구마는 껍질을 벗긴 상태로 150g 계
량한다.
● 2의 상태로 약 1개월 냉동 보관할 수
있다.
● 충분히 얼려야 자르기 편하다.
● 시간이 없을 때는 냉동실에서 1시간 이
상 얼리면 OK.

만드는 법

1 고구마는 껍질을 벗겨 3cm 크기로 잘라 3
분 물에 담갔다가 물기를 뺀다. 내열 용기에
담아 랩을 가볍게 씌워서 600W 전자레인지
에 5분 가열한 뒤 밀대 등으로 으깬다.

2 1이 뜨거울 때 버터와 꿀을 넣고 다시 으깨
면서 잘 섞는다. 버터가 녹으면 핫케이크 믹
스를 넣어 고무 주걱으로 흰 가루가 보이지
않을 때까지 섞는다. 마지막에 손으로 한데
모은다. 20cm 길이의 막대 모양으로 길게
만들어 랩으로 잘 감싼 뒤 냉장고에서 2시
간 이상 차게 한다.

3 오븐을 180℃로 예열한다. 1cm 두께로 잘라
오븐용 시트를 깐 팬에 얹는다. 가운데에 검
정깨로 장식한다. 180℃ 오븐에서 15분 굽
는다.

홍차 쿠키
Tea Cookies

홍찻잎을 섞은 아이스박스 쿠키로 대단히 인기가 좋다.
그래뉴당을 묻힌 가장자리가 반짝반짝 빛난다.

*냉장 시간은 제외

30min

재료 (20개분)

핫케이크 믹스 … 150g
홍차(티백) … 2봉지(4g)
버터 … 30g
달걀 … 1개
그래뉴당 … 적당량

사전 준비

· 버터는 실온에 두어 부드럽게 한다.
· 달걀을 잘 풀어둔다.
· 바트에 그래뉴당을 덜어둔다.

만드는 법

1 볼에 버터를 넣어 거품기로 부드럽게 크림 상태로 풀어준다(P.46 참조). 미리 풀어둔 달걀을 넣어 잘 섞는다.

2 핫케이크 믹스와 홍찻잎을 넣어 고무 주걱으로 흰 가루가 보이지 않을 때까지 섞는다. 마지막에 손으로 한데 뭉친다. 20cm 길이의 막대 모양으로 길게 만들어 랩으로 잘 감싼 뒤 냉장고에서 2시간 이상 차게 한다.

3 오븐을 170℃로 예열한다. 그래뉴당을 골고루 묻혀주고 1cm 두께로 자른다. 오븐용 시트를 깐 팬에 얹어 170℃ 오븐에서 15분 굽는다.

memo

● 홍찻잎은 취향에 따라 선택해도 좋다.
● 2의 상태에서 약 1개월 냉동 보관할 수 있다.
● 시간이 없을 때는 냉동실에서 1시간 이상 차게 하면 OK.

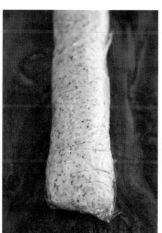

요구르트 스콘
Yogurt Scone

recipe › p.58

더블 치즈 스콘
Cheese Scone

요구르트 스콘
Yogurt Scone

버터를 사용하지 않고 오일로 만들어 사각사각 맛있는 스콘.
레몬 향이 은은하고, 아이싱을 해서 모양도 깜찍하다.

재료 (8개분)

핫케이크 믹스 ··· 150g
샐러드유 ··· 1큰술
플레인 요구르트 ··· 3큰술
레몬 껍질 간 것 ··· 1/2개분
아이싱
   분당 ··· 30g
   레몬즙 ··· 1작은술 넉넉히

사전 준비
· 오븐을 180℃로 예열한다.

＊식히는
시간은 제외

25min

만드는 법

1 볼에 핫케이크 믹스, 샐러드유를 넣어 고무
　주걱으로 가볍게 섞는다. 반죽이 포슬포슬
　한 상태가 되면 요구르트와 레몬 껍질(장식
　용은 조금 남겨둔다)을 넣어서 섞다가 마지
　막에 손으로 한데 모은다.

2 반죽을 12cm 정사각형이 되도록 손으로 잘
　펴고 방사상으로 전체 8등분해 자른다.

3 오븐용 시트를 깐 팬에 간격을 두고 얹어
　180℃ 오븐에 15분 굽는다. 다 구워지면 망
　위에 얹어 식힌다.

4 아이싱 재료를 섞어 완전히 식은 스콘에 뿌
　린다. 장식용 레몬 껍질을 토핑한다.

memo

● 레몬은 국산을 사용한다.
● 레몬 껍질은 장식용을 조
　금 남겨두었다가, 아이싱
　한 뒤에 토핑한다.
● 아이싱용 레몬즙을 섞을
　때는 상태를 봐가면서 조
　금씩 추가한다.

더블 치즈 스콘
Cheese Scone

치즈 가루와 피자 치즈를 이중으로 함께 사용해 진하고 풍미가 깊다.
준비할 재료는 5가지뿐. 아침 식사용으로도 좋다.

20min

재료 (9개분)

핫케이크 믹스 … 150g
올리브유 … 2큰술
치즈 가루 … 2큰술
피자 치즈 … 30g
우유 … 2큰술

사전 준비

· 오븐을 180℃로 예열한다.

만드는 법

1 볼에 핫케이크 믹스, 올리브유, 치즈 가루를 넣고 고무 주걱으로 가볍게 섞는다.

2 반죽이 포슬포슬한 상태가 되면 피자 치즈와 우유를 넣어 다시 섞고, 마지막에 손으로 한데 모은다.

3 반죽을 10cm 정사각형 모양으로 손으로 펴서 칼로 가로세로로 3등분해 자른다.

4 오븐용 시트를 깐 팬에 얹고 180℃ 오븐에서 15분 굽는다.

memo
● 살구 잼 등 좋아하는 잼을 함께 곁들여 먹어보자.

쿠키 맛있게 보관하는 법

쿠키를 오래 맛있게 먹기 위해서는 구운 뒤 수분을 충분히 날리는 것이 중요하다. 열기를 뺄 때는 팬에서 그대로 식히는 것이 아니라, 망 위에 바로 올려 공기가 닿는 면적을 늘려서 완전히 건조한다.

그리고 습기를 피해 통풍이 잘되는 선선한 곳에서 상온 보관한다. 상자에 건조제를 함께 넣어두거나, 밀폐되는 봉지에 넣어 최대한 공기를 빼주는 방법도 좋다. 가급적 빨리 먹도록 하자.

Pancake

레스토랑에서 맛본
폭신폭신 팬케이크

자그맣게 구워서 층층이 쌓아 올리면
레스토랑에서 먹던 것과 똑같은 팬케이크 완성!
플레인도 좋지만
반죽에 초콜릿이나 말차를 섞으면
전혀 색다르다.

초콜릿 팬케이크
Chocolate Pancake

반죽에 코코아 파우더를 섞는 것만으로 완전히 색다른 팬케이크로 대변신!
작고 얇게 구워 층층이 쌓은 뒤 초콜릿 소스를 뿌려 먹는다.

10min

재료 (4장분)

핫케이크 믹스 … 150g

코코아 파우더 … 2큰술

달걀 … 1개

우유 … 150ml

샐러드유 … 적당량

토핑

　초콜릿 소스 · 딸기 … 각 적당량

memo
● 토핑으로 휘핑크림도 꽤 잘 어울린다.
● 블루베리, 라즈베리, 바나나 등 각자 좋아하는 과일을 사용해도 OK.

만드는 법

1 볼에 우유와 달걀을 넣어 거품기로 잘 섞는다. 핫케이크 믹스를 넣고 코코아 파우더는 체에 쳐서 넣은 뒤 가루가 보이지 않을 때까지 고무 주걱으로 섞는다.

2 프라이팬에 샐러드유를 얇게 펴준 뒤 달구었다가 불에서 내려 젖은 천 위에서 식힌다.

3 다시 약한 불에 올려 반죽의 1/4 분량을 넣어서 굽는다. 표면이 보글보글 부풀어 오르면 뒤집어서 뚜껑을 덮고 1분 30초 굽는다.

4 4장을 구우면 그릇에 층층이 쌓고 초콜릿 소스와 딸기로 장식한다.

Point
팬케이크 표면을 예쁘게 굽는 요령

프라이팬에 샐러드유를 얇게 발라 약한 불에 올린다. 달궈지면 불에서 내려 젖은 천 위에서 식힌 뒤 반죽을 국자로 떠 넣는다.

＊팬케이크를 고온에서 구우면 표면이 울퉁불퉁 지저분해지므로 100℃에서 굽는 것이 가장 좋다. 물이 100℃에서 증발하므로 젖은 천에 프라이팬을 잠시 올려 팬을 100℃로 식히는 방법이다.

Yogurt

Soy Milk & Malcha

요구르트 팬케이크
Yogurt Pancake

반죽에 요구르트를 넣어 폭신하게 구워진다.
꿀을 뿌리고 계절 과일이나 허브로 토핑하면 한결 근사하다.

10min

재료 (3장분)

핫케이크 믹스 … 150g

플레인 요구르트 … 100g

달걀 … 1개

우유 … 3큰술

샐러드유 … 적당량

토핑

  꿀·라즈베리·(준비된다면) 허브 처빌
  … 각 적당량

만드는 법

1 볼에 달걀과 요구르트, 우유를 넣어 거품기로 잘 젓는다. 핫케이크 믹스를 넣어 흰 가루가 보이지 않을 때까지 섞는다.

2 프라이팬에 샐러드유를 얇게 펴서 달군 뒤, 반죽의 1/3 분량을 넣어서 약한 불에 굽는다 (P.63 참조). 표면이 보글보글 부풀어 오르면 뒤집고 뚜껑을 덮어 2분 굽는다.

3 3장을 구우면 그릇에 담고 토핑한다.

두유 말차 팬케이크
Soy Milk & Malcha Pancake

두유를 사용하고 말차를 섞은 오리엔탈 팬케이크.
휘핑크림과 단팥을 얹어서 먹으면 더욱 환상.

10min

재료 (4장분)

핫케이크 믹스 … 150g

말차 가루 … 1큰술

달걀 … 1개

두유 … 100ml

샐러드유 … 적당량

토핑

  단팥·휘핑크림·말차 가루
  … 각 적당량

만드는 법

1 볼에 두유와 달걀을 넣어 거품기로 잘 섞는다. 핫케이크 믹스를 넣고 말차 가루를 체에 쳐서 넣고 가루가 보이지 않을 때까지 가볍게 섞는다.

2 프라이팬에 샐러드유를 얇게 펴서 달군 뒤, 반죽의 1/4 분량을 넣어서 약한 불에 굽는다 (P.63 참조). 표면이 보글보글 부풀어 오르면 뒤집고 뚜껑을 덮어 1분 30초 굽는다.

3 4장을 구우면 그릇에 담고 토핑한다.

Favorite Sweets

인기 디저트

밀 크레이프나 치즈 케이크, 마들렌 등
널리 많은 사랑을 받는 디저트도
핫케이크 믹스로 만들 수 있다.
역시 '섞어서 굽기만 하면 끝'.
직접 만들어보시길 강력 추천한다.

밀 크레이프
Mille Crêpe

밀 크레이프
Mille Crêpe

'천 장의 크레이프'라는 의미의 프랑스어가 유래인 디저트다.
사이에 크림을 발라 겹겹이 쌓아 올린 케이크로, 단순하면서도 화려하다.
차갑게 해서 먹으면 환상의 맛.

*냉장
시간은 제외

30min

재료 (만들기 쉬운 분량·지름 17cm 크기)

핫케이크 믹스 … 150g
달걀 … 3개
우유 … 300ml
바닐라 오일 … 약간
버터 … 1큰술
샐러드유 … 적당량
생크림 … 300ml
설탕 … 3큰술
분당 … 적당량

사전 준비
• 버터는 랩을 씌우지 않은 채 600W
전자레인지에서 가열해 녹여둔다.

만드는 법

1 볼에 달걀을 넣어 거품기로 잘 풀고 우유, 바닐라 오일을 넣어 잘 섞는다.

2 핫케이크 믹스를 넣어 흰 가루가 보이지 않을 때까지 섞는다. 녹인 버터를 넣고 잘 어우러지도록 섞는다. 완성한 반죽을 체로 걸러준다.

3 크레이프를 굽는다. 프라이팬에 샐러드유를 얇게 바른 뒤 약한 중간 불에 올린다. **2**를 국자의 2/3 분량으로 떠서 프라이팬에 부은 뒤 국자 바닥으로 17cm 정도로 얇게 편다. 표면이 마르면 뒤집고 뒷면까지 구워지면 꺼낸다. 이것을 반죽이 없어질 때까지 10~12회 반복한다. 1장만 22cm로 크게 굽는다.

4 볼에 생크림과 설탕을 넣고 핸드 믹서로 단단하게 뿔이 서는 상태까지 거품을 낸다.

5 식은 크레이프 위에 **4**의 생크림을 바른다. 전면에 바르지 않고 가장자리를 1cm 남겨 얇게 펴 바른다. 이것을 반복하고, 맨 위에 가장 크게 구운 22cm 크레이프를 얹는다.

6 랩을 씌워 냉장고에서 1시간 이상 차게 한 뒤 마무리로 분당을 뿌린다.

memo
● 다 구워진 크레이프는 마르지 않도록 랩을 씌워서 열을 식힌다.
● 크레이프를 뒤집을 때 긴 젓가락을 사용하면 손쉽다.
● 중앙에 생크림을 두툼하게 발라서 부풀어 오르는 느낌을 준다.
● 생크림을 바를 때는 평평하고 넓은 접시에 올려 작업하는 것이 편하다.

치즈 케이크
Cheese Cake

recipe › p.72

베이크트 요구르트 케이크
Baked Yogurt Cake

치즈 케이크
Cheese Cake

핫케이크 믹스로 만드는 치즈 케이크는 살짝 쫀득쫀득한 식감이다.
초보자도 실패하지 않으므로 꼭 직접 만들어보시길.

50min

재료 (15cm 분리형 원형 틀 1개분)

핫케이크 믹스 … 50g

크림치즈 … 200g

플레인 요구르트 … 100g

설탕 … 70g

달걀 … 2개

레몬즙 … 2작은술

사전 준비

• 크림치즈는 상온에 두어 부드럽게
 만들어둔다.

• 원형 틀에 오븐용 시트를 깐다.

• 오븐을 170℃로 예열한다.

만드는 법

1 볼에 크림치즈를 넣고 거품기로 저어 부드
 럽게 풀어준다.

2 설탕, 달걀, 핫케이크 믹스, 요구르트, 레몬
 즙 순서로 넣으며, 그때마다 잘 섞어준다.

3 원형 틀에 넣고 170℃ 오븐에서 40분 굽는다.
 다 구워지면 망에 얹어 열을 식힌다. 냉장고
 에서 하룻밤 차게 한 뒤 틀에서 꺼낸다.

memo

● 크림치즈를 상온에서 녹일 시간이 없
 을 때는 내열 용기에 담아 랩을 씌우지
 않고 600W 전자레인지에서 30~40초
 가열하면 부드러워진다.

베이크트 요구르트 케이크
Baked Yogurt Cake

크림치즈를 사용하지 않고 요구르트로 만드는 상큼한 케이크!
요구르트의 수분을 빼지 않고 그대로 사용하므로 간단하다.

재료 (15cm 사각 틀 1개분)

핫케이크 믹스 … 100g

플레인 요구르트 … 300g

버터 … 60g

설탕 … 50g

달걀 … 2개

레몬즙 … 1/2큰술

살구 잼 … 적당량

사전 준비

• 버터와 달걀은 상온에 꺼내둔다.

• 사각 틀에 오븐용 시트를 깐다.

• 오븐을 180℃로 예열한다.

• 요구르트는 거품기로 저어서 잘 풀어준다.

40min

만드는 법

1   볼에 버터를 넣고 거품기로 저어서 부드럽게 크림 상태로 풀어준다(P.46 참조). 설탕을 넣어 잘 섞는다. 이어서 달걀을 넣고 잘 섞는다.

2   요구르트를 넣어 섞고, 레몬즙도 넣어서 섞는다. 마지막에 핫케이크 믹스를 2회로 나누어 넣고 그때마다 고무 주걱으로 흰 가루가 보이지 않을 때까지 가볍게 섞어준다.

3   틀에 담고 180℃ 오븐에서 35분 굽는다. 다 구워지면 망에 얹어 식히고 겉면에 살구 잼을 바른다. 냉장고에서 하룻밤 차게 두었다가 틀에서 꺼낸다.

memo

● 살구 잼이 맛을 한층 살려주는 열쇠다.

● 한 김 식으면, 전자레인지에서 데워 묽어진 살구 잼을 위에 발라준다.

꿀 레몬 마들렌
Honey Lemon Madeleine

꿀과 레몬의 부드러운 풍미와 촉촉한 식감에 빠져든다.
1회용 마들렌 컵에 굽기 때문에 선물하기도 좋다.

25min

재료 (마들렌 컵 10개분)

핫케이크 믹스 … 100g

무염 버터 … 80g

달걀 … 2개

꿀 … 2큰술

설탕 … 2큰술

레몬 껍질 간 것 … 1개분

사전 준비

• 버터는 랩을 씌우지 않고 600W 전자
　레인지에 가열해서 녹여둔다.

• 오븐을 180℃로 예열한다.

만드는 법

1 볼에 달걀, 설탕, 꿀을 넣어 거품기로 잘 섞
　는다. 핫케이크 믹스와 레몬 껍질도 넣어 고
　무 주걱으로 흰 가루가 보이지 않을 때까지
　가볍게 섞는다.

2 녹인 버터를 넣어서 전체적으로 골고루 어
　우러질 때까지 섞는다.

3 반죽을 컵의 7분 분량으로 담아 팬에 올려
　180℃ 오븐에서 15분 굽는다.

memo

● 마들렌 컵은 M 사이즈(7.8×1.8cm)를
　사용했다.
● 레몬은 국산을 사용한다.

초콜릿 컵케이크
Chocolate Cupcake

은은하게 브랜디 향이 퍼지는, 어른들을 위한 초콜릿 케이크.
오븐에 넣기까지 5분이면 되는 초간단 레시피지만,
디저트 전문점 못지않은 맛이다.

25min

재료 (은박 베이킹 컵 4개분)
핫케이크 믹스 … 80g
판초콜릿(블랙) … 100g
생크림 … 100ml
달걀 … 1개
브랜디 … 1/2작은술
블루베리 … 적당량

사전 준비
· 오븐을 180℃로 예열한다.
· 판초콜릿을 잘게 잘라둔다.
· 달걀은 잘 풀어둔다.

만드는 법

1 내열 용기에 잘라둔 초콜릿을 넣어 600W 전자레인지에 1분 가열해 잘 섞으며 녹인다.

2 생크림, 브랜디, 풀어둔 달걀 순서로 넣으며 그때마다 재빨리 섞는다. 이어서 핫케이크 믹스를 넣어 고무 주걱으로 흰 가루가 보이지 않을 때까지 가볍게 섞는다.

3 컵에 담아 반죽을 골고루 펴고 블루베리를 얹는다. 팬에 올려 180℃ 오븐에서 20분 굽는다. 다 구워지면 망 위에서 식힌다.

memo

● 은박 베이킹 컵은 다이소 등에서 판매하는 저렴한 제품을 사용하고 있다. 1회용으로 부담 없이 쓰기 편리하다.
● 만드는 법 2에서는 초콜릿이 굳지 않도록 재빨리 섞어야 한다. 만약 굳으면 미지근한 물에 중탕해서 녹인다.
● 반죽을 골고루 펼 때는 테이블 위에서 컵째 가볍게 톡톡 떨어뜨린다.
● 어린이용에는 브랜디를 뺀다.

Steamed Bun

모두가 좋아하는 찐빵

핫케이크 믹스로 만드는 찐빵은
달콤한 맛이 은은하고, 사르르 부드럽다.
찜기 없이 손쉽게 만드는
방법을 소개한다.

Cheese

Sweet Potato

Pumpkin

Malcha & Red Bean

photo › p.78, 79

고구마 찐빵
Sweet Potato

깍둑썰기한 고구마를 넉넉히 넣는다.
반죽에 넣는 소금 1꼬집이 은근한 매력 포인트.

20min

재료 (푸딩 틀 5개분)

핫케이크 믹스 … 100g

고구마 … 150g

달걀 … 1개

우유 … 3큰술

설탕 … 2큰술

샐러드유 … 1과 1/2큰술

소금 … 1꼬집

만드는 법

1 고구마는 껍질째 1cm 크기로 깍둑썰기하고, 3분 물에 담갔다가 물기를 뺀다. 내열 용기에 담아 랩을 살짝 씌운 뒤 600W 전자레인지에서 3분 30초 익힌다.

2 볼에 달걀, 우유, 설탕, 샐러드유, 소금을 넣어 거품기로 잘 섞는다. 핫케이크 믹스를 넣고 다시 섞는다. 흰 가루가 남아 있을 때 **1**의 고구마도 넣어(토핑용으로 조금 남겨둔다) 고무 주걱으로 잘 섞는다.

3 푸딩 틀에 유산지 컵을 끼워 **2**를 담고, 그 위에 남겨놓은 고구마를 골고루 얹는다.

4 냄비에 1.5cm 정도 높이로 물을 부어 불에 올린다. 끓어오르면 **3**을 나란히 올리고 중간 불로 조절한다. 면포로 감싼 뚜껑을 덮어서 12분 찐다.

Point

푸딩 틀과 유산지 컵을 준비한다

푸딩 틀은 저가 제품을 사용하고 있다. 머핀을 구울 때 사용하는 유산지 컵을 깔고 반죽을 붓는다. 내열 컵이나 도기, 일회용 은박지 컵 등 어느 것을 사용해도 좋다.

찜기가 없어도 OK! 냄비를 이용

찜기가 없어도 문제없다. 깊이가 있는 커다란 냄비나 프라이팬으로 대신할 수 있다. 냄비에 물을 1.5cm가량 부은 뒤 불에 올려 끓기 시작하면 반죽을 담은 틀을 조심스레 올린다. 뜨거운 열기에 화상을 입지 않도록 주의하자.

뚜껑은 반드시 면포로 싼다

증기로 찌는 것이므로 뚜껑에 물방울이 맺힌다. 이것이 찐빵에 떨어져서 질어지지 않도록 면포를 사용한다. 면포 끝자락이 내려와 불에 닿으면 위험하므로 뚜껑을 감싼 뒤엔 끝과 끝을 잘 묶는다.

치즈 찐빵
Cheese

부드러운 맛에 심플함이 매력인 치즈 찐빵.
슬라이스 치즈와 치즈 가루를 함께 사용한다.

재료 (푸딩 틀 5개분)

핫케이크 믹스 … 100g
슬라이스 치즈 … 2장
치즈 가루 … 1큰술
우유 … 3큰술
달걀 … 1개
설탕 … 2큰술
샐러드유 … 1과 1/2큰술

만드는 법

20min

1 커다란 내열 용기에 우유와 잘게 자른 슬라이스 치즈를 넣고 600W 전자레인지에 50초 가열한다. 꺼내서 치즈가 녹을 때까지 거품기로 잘 저어준다.

2 달걀, 설탕, 샐러드유, 치즈 가루를 넣고 잘 섞는다. 핫케이크 믹스를 넣어 흰 가루가 보이지 않을 때까지 섞는다.

3 푸딩 틀에 유산지 컵을 깔고 2를 넣는다.

4 고구마 찐빵(P.80)과 같은 요령으로 찐다.

단호박 찐빵
Pumpkin

곱게 으깬 단호박에 꿀과 계핏가루로 풍미를 내서
반죽에 잘 버무린다.

재료 (푸딩 틀 5개분)

핫케이크 믹스 … 100g
단호박(씨와 속을 제거) … 100g
꿀 … 1작은술
계핏가루 … 약간
달걀 … 1개
우유 … 3큰술
설탕 … 2큰술
샐러드유 … 1과 1/2큰술

만드는 법

20min

1 단호박은 2cm 크기로 깍둑썰기해 내열 용기에 담아 랩을 가볍게 씌운 뒤 600W 전자레인지에서 3분 30초 익힌다. 포크로 덩어리가 없도록 부드럽게 으깨고 꿀과 계핏가루를 섞는다.

2 볼에 달걀, 우유, 설탕, 샐러드유를 넣어 거품기로 잘 섞는다. 여기에 1을 넣어 잘 섞은 뒤 핫케이크 믹스도 넣어 흰 가루가 보이지 않을 때까지 섞는다.

3 푸딩 틀에 유산지 컵을 깔고 2를 넣는다.

4 고구마 찐빵(P.80)과 같은 요령으로 찐다.

photo › p.78, 79

말차 단팥 찐빵
Malcha & Red Bean

말차의 향과 삶은 단팥의 식감이 소박한 행복을 준다.
말차 가루는 체에 쳐서 넣는다.

20min

재료 (푸딩 틀 5개분)
핫케이크 믹스 ··· 100g
말차 가루 ··· 1/2큰술
통단팥 ··· 5작은술
달걀 ··· 1개
우유 ··· 3큰술
설탕 ··· 2큰술
샐러드유 ··· 1과 1/2큰술

만드는 법

1 볼에 달걀, 우유, 설탕, 샐러드유를 넣고 거품기로 잘 섞는다.

2 핫케이크 믹스를 넣고 말차 가루는 체에 쳐서 넣어, 가루가 보이지 않을 때까지 섞는다.

3 푸딩 틀에 유산지 컵을 깔고 2를 넣은 뒤, 단팥을 1작은술씩 얹는다.

4 냄비에 물을 1.5cm 높이로 부어 불에 올린다. 끓어오르면 3을 나란히 올리고 중간 불로 조절한다. 면포로 감싼 뚜껑을 덮어서 12분 찐다.

마라카오풍 찐빵
Ma Lai Koh

마라카오는 조금 색다른 중국풍 찐빵이다.
흑당과 간장을 넣어 재현해보았다.

20min

재료 (푸딩 틀 5개분)
핫케이크 믹스 ··· 100g
달걀 ··· 1개
우유 ··· 3큰술
흑당 ··· 2큰술
샐러드유 ··· 1과 1/2큰술
간장 ··· 1/2작은술
건포도 ··· 40g

만드는 법

1 볼에 달걀, 우유, 흑당, 샐러드유, 간장을 넣고 거품기로 잘 섞는다.

2 핫케이크 믹스를 넣어 섞는다. 흰 가루가 아직 보일 때 건포도를 넣어(장식용으로 조금 남겨둔다) 섞는다.

3 푸딩 틀에 유산지 컵을 깔고 2를 담은 뒤, 남겨둔 건포도를 골고루 얹는다.

4 냄비에 물을 1.5cm 높이로 부어 불에 올린다. 끓어오르면 3을 나란히 올리고 중간 불로 조절한다. 면포로 감싼 뚜껑을 덮어서 12분 찐다.

Ma Lai Koh

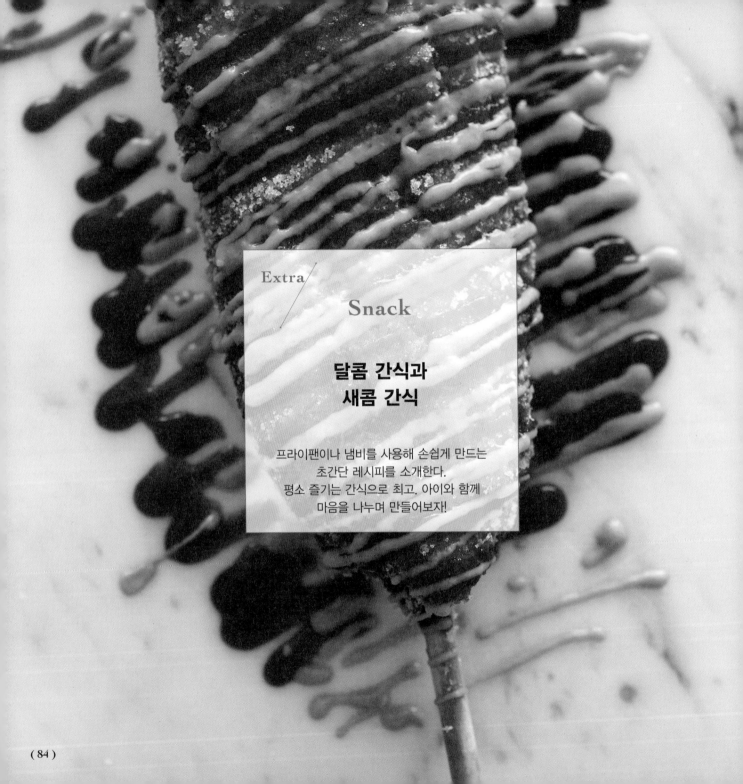

Extra /

Snack

달콤 간식과
새콤 간식

프라이팬이나 냄비를 사용해 손쉽게 만드는
초간단 레시피를 소개한다.
평소 즐기는 간식으로 최고. 아이와 함께
마음을 나누며 만들어보자!

두부 추로스
Churros

콩가루 두부 도넛
Doughnut

recipe › p.89

간단 케이크 살레
Cake Salé

Ham & Egg

Curry & Corn

두부 추로스
Churros

반죽 재료는 핫케이크 믹스와 두부 단 2가지뿐!
그래뉴당과 계핏가루를 뿌려서 먹어보자♪

재료 (6개분)

핫케이크 믹스 … 100g

연두부 … 100g

그래뉴당 … 적당량

계핏가루 … 적당량

튀김 기름 … 적당량

사전 준비

• 4×15cm 직사각형으로 자른 오븐용
  시트를 6장 준비한다.

• 짤주머니에 별 깍지를 끼워둔다.

20min

만드는 법

1 볼에 두부를 넣고 거품기로 잘 저어 완전히
   풀어준다. 핫케이크 믹스를 넣어 고무 주걱
   으로 반죽이 한데 모일 때까지 섞는다.

2 별 깍지를 끼운 짤주머니에 1을 넣어 오븐용
   시트 위에 12cm 길이로 짜준다.

3 프라이팬에 튀김 기름을 160℃로 달궈 2의
   반죽이 밑으로 가도록 해서 넣는다. 오븐용
   시트가 떨어지면 제거하고 양면에 색이 잘
   나도록 튀긴다.

4 기름을 빼고 그래뉴당과 계핏가루를 골고루
   묻힌다.

memo

● 반죽을 짤 때 처음부터
  마지막까지 힘을 똑같이
  주고 재빨리 해야 모양이
  예쁘다.

● 길이만큼 짜낸 뒤엔 주방
  가위로 잘라준다.

● 색이 금방 나기 때문에
  계속 저온에서 서서히 튀
  긴다.

콩가루 두부 도넛
Doughnut

우유 대신 두부가 들어가 반죽이 풍성하면서도 찰지다.
식어도 맛있는 건강 간식. 콩가루를 듬뿍 뿌려준다.

재료 (20개분)

핫케이크 믹스 ··· 150g

연두부 ··· 100g

달걀 ··· 1개

설탕 ··· 적당량

콩가루 ··· 적당량

튀김 기름 ··· 적당량

 15min

만드는 법

1 볼에 두부, 달걀을 넣고 거품기로 잘 저어 소스 상태로 풀어준다.

2 핫케이크 믹스를 넣어 고무 주걱으로 흰 가루가 보이지 않을 때까지 가볍게 섞는다.

3 프라이팬에 튀김 기름을 160℃로 달군다. 스푼 2개를 이용해 2의 반죽을 3cm 크기로 동그랗게 모양을 만들어 기름에 넣는다. 약한 불에서 5분 정도 굴리면서 맛있는 색이 날 때까지 튀긴다.

4 기름을 빼고 콩가루와 설탕을 골고루 묻힌다.

memo

● 색이 금방 나기 때문에 계속 저온에서 서서히 튀겨 속까지 완전히 익힌다.

● 콩가루와 설탕을 묻힐 때는 볼에 도넛과 함께 담아 가볍게 흔들어주면서 골고루 묻힌다.

간단 케이크 살레
Cake Salé

프랑스 '가정식 케이크'를 핫케이크 믹스로 간단하게 만들 수 있다.
조식이나 간편 식사로도 손색이 없다.

카레 옥수수 Curry & Corn

25min

재료 (미니 파운드 틀 5개분)
핫케이크 믹스 … 150g
달걀 … 1개
우유 … 80ml
마요네즈 … 2큰술
소금 … 1꼬집
카레 가루 … 1/3작은술
옥수수 … 60g
피자 치즈 … 40g

사전 준비
• 오븐을 180℃로 예열한다.

만드는 법

1 볼에 달걀, 우유, 마요네즈, 소금을 넣어 거품기로 섞는다. 핫케이크 믹스와 카레 가루를 넣어 고무 주걱으로 섞다가 가루가 아직 보일 때 옥수수와 피자 치즈의 2/3 분량을 넣어 다시 섞는다.

2 틀에 반죽을 넣고 남은 옥수수와 피자 치즈를 골고루 얹어 180℃ 오븐에서 20분 굽는다.

햄 에그 Ham & Egg

25min

재료 (미니 파운드 틀 5개분)

핫케이크 믹스 … 150g

달걀 … 1개

우유 … 80ml

샐러드유 … 2큰술

삶은 달걀 … 1개

마요네즈 … 1과 1/2큰술

햄 … 3장

케첩 … 적당량

파슬리 다진 것 … 적당량

사전 준비

• 오븐을 180℃로 예열한다.

만드는 법

1 삶은 달걀은 포크로 으깨 마요네즈에 버무려 달걀 샐러드를 만든다. 햄은 1cm 사각으로 자른다.

2 볼에 달걀, 우유, 샐러드유를 넣어 거품기로 저어준다. 핫케이크 믹스를 넣어 고무 주걱으로 섞으면서 흰 가루가 아직 보일 때 햄을 넣어서 섞는다.

3 틀에 반죽을 넣고 1의 달걀 샐러드를 얹은 뒤 케첩을 뿌려준다. 180℃ 오븐에서 20분 구운 뒤 파슬리를 뿌린다.

memo

● 케이크 살레의 반죽 재료는 핫케이크 믹스 150g, 달걀 1개, 우유 80ml, 샐러드유(또는 마요네즈) 2큰술이다.

● 반죽에 섞는 재료로는 참치 & 옥수수, 비엔나소시지, 얇게 썬 양파 슬라이스 & 베이컨, 시금치와 베이컨볶음 등도 잘 어울린다.

● 틀은 길이 30×너비 80×높이 35mm 의 종이로 만든 미니 파운드 틀을 사용했다.

발효가 필요 없는 간식 피자
Pizza

재료를 섞고, 반죽에 토핑을 얹어 구우면 완성♪
폭신하면서 은은하게 달콤한 도(Dough)가 진한 여운을 남긴다.

30min

재료 (1장분)
핫케이크 믹스 … 100g
달걀 … 1개
우유 … 2큰술
마요네즈 … 1큰술
토핑
　케첩·마요네즈 … 각 적당량
　비엔나소시지 … 2개
　양파 … 1/8개
　피망 … 1개
　옥수수 … 2큰술
　피자 치즈 … 30g
　파슬리(잘게 다진 것) … 적당량

사전 준비
• 오븐을 180℃로 예열한다.

만드는 법

1　비엔나소시지는 통썰기하고, 양파와 피망은 얇게 썬다.

2　볼에 달걀, 우유, 마요네즈를 넣어 거품기로 잘 저어준다. 핫케이크 믹스를 넣고 고무 주걱으로 흰 가루가 보이지 않을 때까지 가볍게 섞는다.

3　오븐용 시트를 깐 팬에 2를 잘 부어 지름 20cm 크기로 잘 편다. 케첩과 마요네즈를 뿌리고, 비엔나소시지, 양파, 피망, 옥수수를 얹은 뒤 피자 치즈를 뿌린다.

4　180℃ 오븐에서 20분 구운 뒤 파슬리를 뿌린다.

memo
● 토핑하는 재료는 각자 취향에 맞춰 선택해도 좋다.

얹어서 구운 카레빵
Curry Bun

수분이 없는 드라이 카레를 활용해서 시도해보면 좋은 색다른 레시피다.
드라이 카레는 인스턴트 제품을 사용해도 OK.

재료 (3개분)

핫케이크 믹스 … 150g

연두부 … 100g

토핑

> 드라이 카레 … 6큰술 분량
>
> 방울토마토 · 삶은 달걀 · 옥수수 ·
>
> 피자 치즈 · 파슬리 다진 것 등 … 적당량

사전 준비

· 오븐을 190℃로 예열한다.

만드는 법

20min

1 볼에 핫케이크 믹스와 두부를 넣고 거품기로 두부를 으깨면서 잘 섞는다. 마지막에 손으로 한데 잘 모아서 3등분한다.

2 오븐용 시트를 깐 팬 위에서 지름 10cm 크기가 되도록 반죽을 손으로 잘 편다.

3 반죽 가운데 드라이 카레를 2큰술씩 얹는다. 각자 좋아하는 토핑을 얹어 190℃ 오븐에서 13분 굽는다.

아메리칸 도그
American Dog

비엔나소시지를 사용한 미니 사이즈의 아메리칸 도그.
안정성을 높이기 위해 대나무 꼬치를 2개씩 꽂는다.

 10min

재료 (6~8개분)

핫케이크 믹스 … 100g
달걀 … 1개
우유 … 3큰술
비엔나소시지 … 6~8개
케첩 … 적당량
튀김 기름 … 적당량

만드는 법

1   비엔나소시지에 대나무 꼬치를 2개씩 꽂는다.

2   볼에 달걀, 우유를 넣어 거품기로 잘 저어준
    다. 핫케이크 믹스를 넣고 고무 주걱으로 흰
    가루가 보이지 않을 때까지 섞는다.

3   1의 비엔나소시지에 2의 반죽을 묻혀 160℃
    튀김 기름에서 3~4분, 노릇하게 튀겨낸다. 그
    릇에 담아 취향에 따라 케첩을 뿌려 먹는다.

치즈 핫도그
Cheese Hot Dog

속에 늘어나는 치즈가 들어간 인기 절정의 K푸드.
찢어 먹는 스트링 치즈로 간단하게 만들 수 있다.

20min

재료 (4개분)

핫케이크 믹스 … 100g

연두부 … 50g

달걀 … 1개

우유 … 2작은술

비엔나소시지 … 2개

스트링 치즈(플레인) … 4개

빵가루(가는 타입) … 적당량

그래뉴당 … 적당량

케첩·머스터드 소스 … 각 적당량

튀김 기름 … 적당량

사전 준비

• 빵가루, 그래뉴당을 각각 바트에
  담아둔다.

memo

● 대나무 꼬치는 불편하므
  로 시판하는 제품을 구입
  해 사용하는 것을 추천.

만드는 법

1 비엔나소시지는 가운데를 절반으로 자른다.
  핫도그 꼬치에 비엔나소시지와 스트링 치즈
  를 위아래로 꽂는다.

2 볼에 두부를 넣고 거품기로 으깨면서 잘 저
  어 죽 상태로 만든다. 달걀, 우유를 넣어 잘
  섞는다. 이어서 핫케이크 믹스를 넣어 고무
  주걱으로 흰 가루가 보이지 않을 때까지 섞
  어서 튀김옷을 만든다.

3 1을 2에 묻히고 스푼으로 끼얹어가면서 전
  체적으로 충분히 옷을 입힌다.

4 전체에 재빨리 빵가루를 입히고 170℃의 튀
  김 기름에서 4~5분 튀긴다.

5 기름을 빼고 그래뉴당을 묻힌 뒤 케첩과 머
  스터드소스를 뿌려준다.

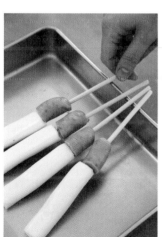

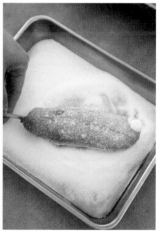

Chocolate & Banana

Bacon & Egg

초코 바나나 크레이프
Chocolate & Banana Crêpe

달걀 1개로 만들 수 있는 크레이프는 5장분.
이 중 4장을 초코 바나나로 토핑해보았다.

10min

재료 (5장분)

핫케이크 믹스 … 100g

달걀 … 1개

우유 … 160ml

샐러드유 … 적당량

토핑

　초콜릿 소스 … 적당량

　휘핑크림 … 적당량

　바나나 … 적당량

만드는 법

1 볼에 달걀을 깨서 거품기로 잘 푼다. 우유, 핫케이크 믹스를 순서대로 넣어 그때마다 잘 섞는다.

2 프라이팬에 샐러드유를 얇게 바르고 약한 중간 불에 올린다. 1을 1국자 분량으로 떠서 넣고 지름 20cm 크기로 펼친다. 색이 나면 뒤집어 뒷면도 살짝 익혀서 꺼낸다. 나머지도 같은 방법으로 구워 5장을 만든다.

3 크레이프 4장을 90도로 접어서 그릇에 담는다. 초콜릿 소스와 휘핑크림, 바나나를 토핑한다.

베이컨 에그 크레이프
Bacon & Egg Crêpe

크레이프 1장으로 만든 식사용 크레이프.
조식으로 최고 메뉴다.

＊크레이프 굽는
시간은 제외

5min

재료 (1인분)

크레이프(만드는 방법은
위의 내용 참조) … 1장

베이컨 … 1장

달걀 … 1개

피자 치즈 … 20g

파슬리 … 약간

만드는 법

1 프라이팬을 약한 중간 불에 올리고 크레이프를 얹는다. 가운데에 달걀을 깨서 넣어 가볍게 노른자를 터뜨리고, 먹기 좋은 크기로 자른 베이컨을 얹는다.

2 전체적으로 치즈를 뿌리고 네 방향을 살짝 접는다. 뚜껑을 덮어 1~2분, 열기를 이용해 굽는다.

3 그릇에 담고 파슬리를 얹는다.

오키나와 흑당 도넛
Okinawa Doughnut

오키나와의 유명한 간식을 핫케이크 믹스로 재현해보았다.
겉은 바삭바삭, 속은 촉촉. 먹는 내내 행복하다.

10min

재료 (14개분)

핫케이크 믹스 … 150g

달걀 … 1개

버터 … 1큰술

우유 … 2큰술

흑당(분말 타입) … 3큰술

튀김 기름 … 적당량

사전 준비

• 버터는 랩을 씌우지 않고 600W 전자
레인지에서 가열해 녹여둔다.

만드는 법

1 볼에 달걀, 흑당을 넣어 거품기로 잘 저어준
다. 우유와 녹인 버터를 넣고 다시 섞는다.

2 핫케이크 믹스를 넣고 고무 주걱으로 흰 가
루가 보이지 않을 때까지 가볍게 섞는다.

3 프라이팬에 튀김 기름을 160℃로 달궈 스푼
2개를 이용해 1의 반죽을 3cm 크기로 둥글
게 모양을 내 넣는다. 약한 불에서 5분 정도
뒤적이면서 튀겨 색을 낸 뒤 꺼내서 기름을
뺀다.

도라야키
Dorayaki

핫케이크 믹스로 화과자도 만들 수 있다. 굽기 전 반죽을 5분가량 두어
숙성시키는 것이 포인트. 한층 찰지고 맛있어진다.

15min

재료 (5개분)

핫케이크 믹스 ⋯ 100g

A

| 달걀 ⋯ 1개
| 미림 ⋯ 1큰술
| 꿀 ⋯ 1큰술
| 간장 ⋯ 1/3작은술
| 물 ⋯ 3큰술

샐러드유 ⋯ 적당량

통단팥 ⋯ 적당량

만드는 법

1 볼에 **A**를 넣어 거품기로 잘 저어준다. 핫케이크 믹스를 넣고 고무 주걱으로 흰 가루가 보이지 않을 때까지 가볍게 섞은 뒤 그대로 5분을 둔다.

2 프라이팬에 샐러드유를 얇게 펴서 약한 중간 불에 올려 **1**을 1/10가량 넣는다. 노릇하게 색이 나면 뒤집고 뒷면까지 잘 구워지면 꺼낸다. 이것을 10장 구워 열을 식힌다.

3 색이 예쁘게 난 쪽이 겉으로 오도록 해서 안에 통단팥을 적당량 넣는다.

사용하기 편한 틀

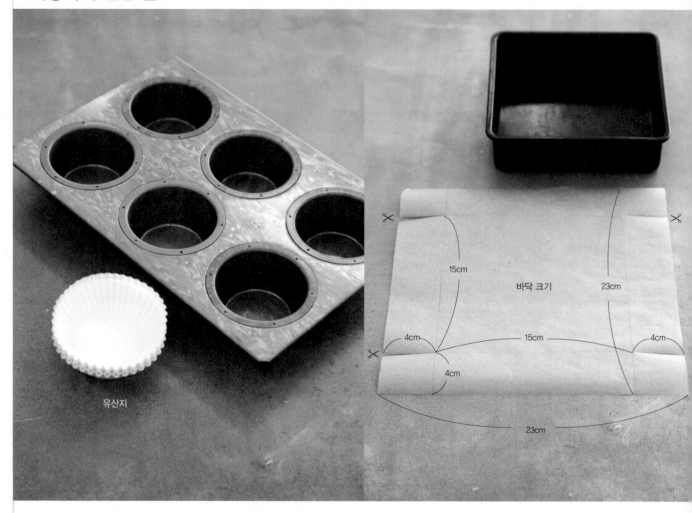

유산지

15cm

바닥 크기

23cm

4cm | 15cm | 4cm

4cm

23cm

머핀 틀

한 번에 6개의 머핀을 구울 수 있는 틀을 사용. 흰색 유산지 컵을 깔아서 사용한다. 틀은 그리 비싸지 않은 가격에 쉽게 구할 수 있으므로 하나 장만해두면 베이킹이 한결 즐거워진다. 사진의 제품은 지름 70(바닥 54)×높이 35mm.

사각 틀

P.14 브라우니, P.73 베이크트 요구르트 케이크에서 15cm 사각 틀을 사용했다. 오븐용 시트를 깔면 견과류를 얹은 윗면 그대로 틀에서 안전하게 빼낼 수 있어, 깔끔하게 완성된다. 15×15cm.

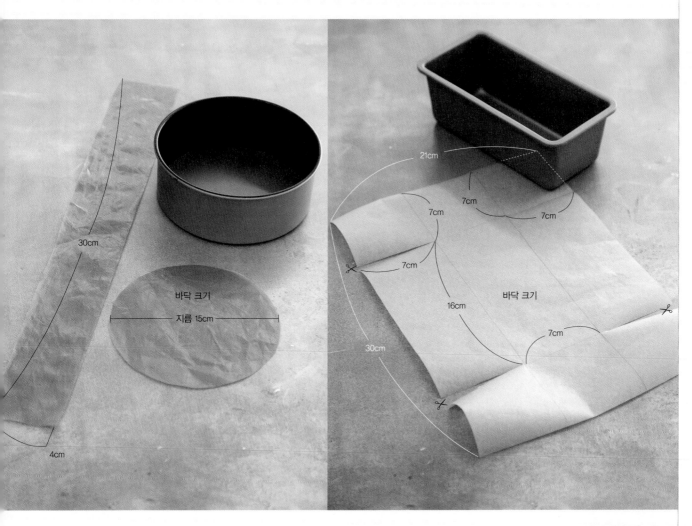

바닥 크기
지름 15cm

30cm

4cm

21cm

7cm

7cm

7cm

7cm

16cm

바닥 크기

30cm

7cm

원형 틀(분리형)

이번에 사용한 것은 지름 15cm 원형 틀로, 분리형이라
다 구워진 빵을 꺼내기가 편하다. 반죽이 틀에 들러붙지
않도록 오븐용 시트를 틀 사이즈에 맞춰 잘라 깔아준다.
지름 15cm.

파운드 틀

불소수지를 코팅한 파운드 틀이 사용하기 편리하다. 틀
에서 꺼내기 쉽도록 오븐용 시트를 사이즈에 맞춰 잘라
서 깔아준다. 틀 안쪽 사이즈 178×80×높이 60mm(바
닥 157×65mm).

섞어서 굽기만 하면 요리 초보도 실패 없다
핫케이크 믹스 베이킹 CAKES & COOKIES

초판 1쇄 발행 2020년 11월 11일

지은이 하야시 미즈키
옮긴이 송수영
펴낸이 명혜정
펴낸곳 도서출판 이아소
디자인 레프트로드
교 열 정수완

등록번호 제311-2004-00014호
등록일자 2004년 4월 22일
주소 04002 서울시 마포구 월드컵북로5나길 18 1012호
전화 (02)337-0446 **팩스** (02)337-0402

책값은 뒤표지에 있습니다.
ISBN 979-11-87113-44-7 13590

도서출판 이아소는 독자 여러분의 의견을 소중하게 생각합니다.
E-mail: iasobook@gmail.com

이 도서의 국립중앙도서관 출판예정도서목록(CIP)은 서지정보유통지원시스템 홈페이지
(http://seoji.nl.go.kr)와 국가자료공동목록시스템(http://www.nl.go.kr/kolisnet)에서
이용하실 수 있습니다. (CIP제어번호 : CIP2020044441)